U0180271

高财商
少年手册

开启财富人生的智趣之旅

郭然——著

橙狮（北京）国际文化传媒有限公司——绘

中国铁道出版社有限公司

CHINA RAILWAY PUBLISHING HOUSE CO., LTD.

图书在版编目（CIP）数据

高财商少年手册：开启财富人生的智趣之旅 / 郭然
著；橙狮（北京）国际文化传媒有限公司绘 . — 北京：
中国铁道出版社有限公司，2024.7
ISBN 978-7-113-31255-8

I.①高… Ⅱ.①郭… ②橙… Ⅲ.①财务管理 – 少儿
读物 Ⅳ.① TS976.15-49

中国国家版本馆 CIP 数据核字（2024）第 099886 号

书　　名：**高财商少年手册：开启财富人生的智趣之旅**
　　　　　GAOCAISHANG SHAONIAN SHOUCE: KAIQI CAIFU RENSHENG DE ZHIQU ZHILÜ

作　　者：郭　然　橙狮（北京）国际文化传媒有限公司

责任编辑：巨　凤　　　　编辑部电话：（010）83545974
装帧设计：仙　境
责任校对：安海燕
责任印制：赵星辰

出版发行：中国铁道出版社有限公司（100054，北京市西城区右安门西街 8 号）
印　　刷：北京盛通印刷股份有限公司
版　　次：2024 年 7 月第 1 版　2024 年 7 月第 1 次印刷
开　　本：710 mm×1 000 mm　1/16　印张：8.25　字数：150 千
书　　号：ISBN 978-7-113-31255-8
定　　价：69.00 元

从个人角度看，善于掌控财富、支配金钱是构建幸福人生的重要基础；从国家和民族角度看，建设金融强国是实现中华民族伟大复兴不可缺少的一环。不论从哪个角度出发，少年儿童的财商教育都应该得到家庭和社会的重视。

在长期从事金融管理和经济研究的过程中，我看过不少这方面的海外佳作，一直期待能有一套符合中国国情的、为中国少年儿童专门打造的财商教育书籍。《高财商少年手册》满足了我心目中的这一份期待，是献给中国少年儿童的一份珍贵的人生礼物。

——资深金融专家 **何晓宇**

经济、市场、财富……这些概念时常显得复杂而又神秘。在超过40年的教育生涯中，我目睹了很多人由于缺乏对财富的正确认识和掌控能力，而与应有的富足人生擦肩而过，或得而复失。

《高财商少年手册》抛开了纷繁复杂的表象和概念，精准地抓住货币的实质含义，以及经济和社会活动的内在规律，用源于生活的事例、平实易懂的表达，帮助孩子们树立正确的财富观念，领会经济现象背后的基本逻辑，打开系统学习金融知识的第一扇门。

——美国辛辛那提大学数学学院首位华人院长 **张 爽**

第一章　全世界都玩的游戏

第二章　贝壳到代码的进化

第三章　挣钱与花钱那些事

全世界都玩的游戏

几个问题

小朋友，你买过东西吗？

还记得你最近一次买的是什么吗？用了多少钱？

我想，你可能跟随爸爸妈妈去过超市或者商场，也可能买过零食或者玩具。不论你买过什么，你是否想过这样几个问题——

为什么用钱能买到东西？

为什么有些东西便宜，有些却很贵？

为什么我们不能把所有想要的东西都买下来？

············

这些问题要从很久很久以前说起。

自给自足的时代

　　在很久很久以前，人们依靠身边的自然环境来谋生，过着自给自足的生活。山里的人们以打猎为生，水边的人们以捕鱼为生。

　　时间长了，自己手边的物产就显得非常单调。看到别人的新鲜东西，大家心里都有点痒痒的。

　　但是，每个人的东西都是通过辛勤劳动得来的，肯定不愿意白白送给别人。

　　于是，人们产生了一个念头：能不能用我的东西换你的东西呢？

交换吗

有些时候，人们可以愉快地交换物品。

然而，更多的时候，交换并没有那么顺利。

导致交换失败的原因很多，至少有以下四种：

第一种就是双方拿出来交换的东西价值相差太大，以至于有一方觉得明显吃亏了。例如，这只兔子这么肥，猎人一定希望交换一条大鱼。所以，这次交换肯定会失败。

第二种是其中一方拿出来交换的东西对方并不需要。比如，用来捕猎的弓箭并不适合用来捕鱼。因此，弓箭对于渔夫来讲就是不需要的东西，他肯定不会同意交换。

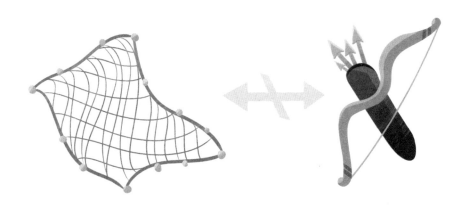

第三种是其中一方拿出来交换的东西价值不明确。比如，果农想用苹果来交换渔夫的鱼，但是渔夫并不知道苹果的味道是甜的还是酸的。如果换了一个酸苹果，渔夫就会觉得自己吃亏了。

　　第四种是双方都需要对方的东西，但其中一方拿出来交换的东西价值过高却不能拆分。比如，牧羊人非常想吃鱼，渔夫也非常想吃羊腿。但鱼只有一条，换整只羊显然不合适。那可以直接换一条羊腿吗？

　　看来，要成功交换还真的挺不容易。既要双方物品的价值相当、数量合适、品质明确，还得恰好满足双方的需求，过程会非常麻烦！但只有这样，交换双方才会都觉得合算，交换也才有成功的可能。

小裁缝换物记

　　所以，在人们只能拿东西直接交换的时代，往往会遇到很大的麻烦。

　　话说从前有个小裁缝，他做好了一件新棉衣，想拿这件棉衣换一头猪。

　　他来到城北的农场。农夫说，有一头十斤的猪可以换，但是自己并不需要棉衣，需要的是一把椅子。

　　小裁缝拿着棉衣离开农场，来到城东找木匠。木匠说，椅子有的是，都是现成的，但是他也不需要棉衣。他的锯子磨坏了，没法干活，需要一把新锯子。

我需要木炭

于是小裁缝又拿着棉衣跑到城南铁匠铺，看看能不能换把锯子。铁匠说，锯子很快就能做好，但是他缺少木炭，没法烧火了。

小裁缝又抱着棉衣穿城而过，来到城西的炭窑，找到卖炭翁。卖炭翁却说，这几天总是咳嗽，想去城里的药铺换几味药材。

卖炭

我需要药

　　小裁缝快要崩溃了，药铺就在裁缝铺的隔壁啊！早知道就不用跑这么多冤枉路了！但事已至此，他只好拿着棉衣又跑去药铺。幸好药铺的掌柜想要一件棉衣，爽快地把药材换给了小裁缝。

卖炭

　　小裁缝拿着药材回到城西，换到了木炭，又去城南换到了锯子，再去城东换到椅子，终于可以去换猪了！

可是等他回到农场时，农夫却说，猪已经长到 20 斤了，现在要两把椅子才能换！

小裁缝当场晕倒在地。

所以，用具体的物品直接交换是非常不方便的。为了让交换便利起来，人们在生活实践中创造了一种"中间替代物"——**货币**！日常生活中，人们通常习惯称呼它为钱。

把钱称为"中间替代物"，是因为每个人都可以先把自己的东西换成等价的钱，再用对应数量的钱去换别人的东西。

因此，钱在一定程度上可以代表劳动成果。

后来，小裁缝那座城里新开了一个叫作"市场"的地方。他把棉衣拿到市场里卖，很快被人用200个铜钱买走了。正好农夫也带着猪来到市场卖，小裁缝花了180个铜钱买到了猪，还用剩下的钱买了一些调料。

就这样，通过钱这种中间物，人们大大提高了交换的效率。之前可能需要进行多次交换才能获得需要的东西，现在只需要两次——把自己的东西卖了，再用得到的钱去买别人的东西。

为什么钱可以充当中间物

那么，为什么钱适合作为中间物呢？
它有几个特点：

一是大家都愿意接受，所以可以换各种东西；

二是价值很明确，只要没有破损，你不用担心这一枚和那一枚有什么不同；

三是有不同面值，可以组合出不同的价值，买多少东西付多少钱，多了还可以找零；

四是材质持久，能够长时间使用和保存，即使磨损了也可以由国家负责回收和更换。

　　小裁缝的劳动是做棉衣，农夫的劳动是养猪，木匠的劳动是做家具……当大家卖掉自己的劳动成果拿到钱时，不同形式的劳动被替换成了同一样东西——钱。

　　所以，虽然看起来你是用钱去买了东西，不管那钱是一张纸币，还是几枚硬币，又或是用现在的手机电子支付，但实质上，你还是用自己的劳动成果去交换了别人的劳动成果。只不过，你的劳动成果是用中间物来代替了。

　　因此，买与卖的真相就是劳动成果的交换！

世界上最大的"游戏"

　　每一天，每一刻，劳动成果的交换在世界的各个角落不停地发生着。

　　这是世界上所有人一起参与的"游戏"！每个人都身处这个游戏中，用自己的劳动成果去交换别人的劳动成果，也让每个人都过上了更好的生活。

跨越国界的交换——国际贸易

　　这种交换不仅发生在人与人之间，也同样发生在国家与国家之间。

　　每天，都有多到难以计数的火车、飞机、轮船……将各地的物产运送到另一个国家、另一个大洲，甚至是另一个半球。

这种发生在不同国家（或者地区）之间的商品的交换活动被称为"**国际贸易**"。它是国家（或者地区）之间往来联系的一种重要形式，体现了各自的优势资源或产业，形成了一种相互需要、相互依赖的关系，也在潜移默化地推动着世界的运转。

奇妙的价格

在买与卖的过程中，有一件事非常重要——**价格**！

我想你一定注意到了，每件商品都有自己的价格。只不过有的价格很高，有的则很低。比如，一部手机要几千元，而一瓶饮用水则只要两元。

这些价格是怎么来的呢？

想要了解这个问题的答案，还要从买与卖的真相入手。

饮用水的价格等于水的价格吗

饮用水

自来水

  一瓶普通的饮用水，通常只要两元。我们可以非常方便地在超市或便利店里买到它。虽然两元并不多，但有些人还是质疑这个价格。他们认为水是如此的常见和便宜，1 000升自来水的价格差不多也就是五元，而被装进瓶子摆上货架的0.5升（500毫升）水却要两元，这不是太过分了吗？

  事实真的是这样吗？让我们来分析一下。

饮用水背后的劳动

一瓶饮用水我们将其拆分为瓶子和水两个部分。

瓶子是用一种俗称塑料的材料制成的。塑料这种叫法并不严谨，事实上有聚酯（PET）、聚乙烯（PE）、聚丙烯（PP）等多种材料。

对于这些材料到底是什么，这里不做过多介绍，但你需要知道，要生产出以上任何一种材料都需要根据化学原理建立设施完备的化学材料工厂，然后把一些或呈颗粒状或者像蜡一样的奇怪东西加工成我们生活中能见到的塑料瓶。瓶子制成后被运输到饮用水生产工厂，贴上事先印好的标签。

与此同时，优质的水从水源地被抽取出来。这些水源地可能是河流、湖泊，也可能是水库，总之是远离城市不易被污染的水源。抽出的水被运输到饮用水生产工厂，首先进行过滤，去掉杂质，然后进行净化，杀灭细菌和病毒。最后，当水被灌装到瓶子里时，瓶子和水这两个部分组合成了我们熟悉的饮用水。

接下来，这些饮用水被装进包装纸箱，先被火车运输到各个城市，再被汽车送到城市里的商店、超市、便利店，最后被售货员摆上货架，等待被你选购。

直至你喝到这瓶水为止，它已经走过了上面所说的这长长的一段路程。怎么样？是不是有点超出你的想象？

你所支付的两元买到的不仅仅是这500毫升水，还有它背后这一整套工业生产、物流运输和商业分销体系的服务，这些都是凝聚在一瓶饮用水里的劳动成果。现在，你还会觉得与自来水相比瓶装饮用水的价格太高了吗？

既然我们说买卖就是劳动成果的交换，那么一件商品中凝聚的劳动成果种类越多、复杂程度越高，其价格自然也就越高。

我们再来看看手机。

我们可以把一部手机粗略地分为芯片、电路板、液晶显示屏、摄像头、电池等五大部分。

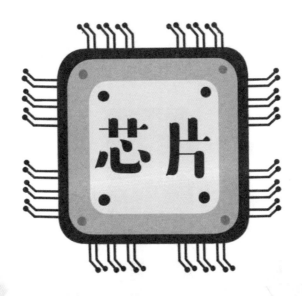

芯片

　　每个部件的成功制造，都首先需要建立在几代科学家的持续研究探索上，运用许多科学技术，再加上各种精密机械的加工。就拿手机的"心脏"——芯片来说，全世界能够自主制造高质量芯片的国家，用一只手差不多就能数出来。

　　所以，一部手机背后凝聚的劳动成果显然要多得多，复杂得多，高级得多。而更高的价格就是这些劳动成果的体现。

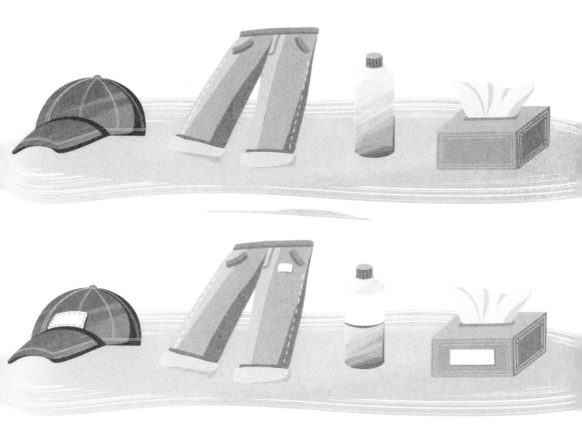

那么，对于同一种商品来说，是不是价格比较贵的就一定比便宜的要好呢？

答案是：不一定！

有些时候，你会发现两件商品明明差不多，或者说，至少我们肉眼看不出明显的差别，但其中一件的价格却要高出很多。这种情况在服装、食品、日用品领域尤其明显。

这是为什么呢？比如下图中小裁缝手中的两条牛仔裤。你观察一下：有何不同？

31

　　是的，你会发现左边的牛仔裤上有品牌，右边的牛仔裤上没有品牌。

　　品牌？！

　　是的！生产牛仔裤的商家很多。为了让自己的产品区别于其他家的产品，人们想出了"品牌"这个概念！你可以理解为给生产的牛仔裤起了一个名字，比如，"帅气"牌牛仔裤！好听好记的品牌更容易留给别人好印象，也就更利于产品的销售。

但是对一个品牌来说，如果没有被人们熟知，就发挥不了任何作用。所以，生产"帅气"牌牛仔裤的商家必须进行宣传，让更多人知道、熟悉，甚至喜欢上这个品牌，才能促进产品的销售。

比如，邀请一位著名的演员，穿上"帅气"牌牛仔裤拍照，再把这些漂亮的照片做成海报，展示在商场的橱窗里、挂在公交车站的灯箱里或者印在时尚杂志里。

经过这样的宣传，越来越多的人看到了"帅气"牌牛仔裤，对这个品牌逐渐熟悉、喜欢。

　　现在，请你思考这样几个问题——商家为"帅气"牌牛仔裤所做的宣传是什么？这种宣传是不是一种劳动呢？人们逐渐熟悉并喜欢上这个品牌，这是不是一种劳动成果呢？

　　所以，即便两件商品相差无几，但其中更为人们所接受的那件"品牌"商品，实际上包含了更多的劳动成果，价格自然也就更高。

摸不到的劳动成果——服务

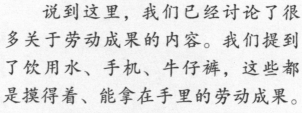

说到这里，我们已经讨论了很多关于劳动成果的内容。我们提到了饮用水、手机、牛仔裤，这些都是摸得着、能拿在手里的劳动成果。

但是，在生活中，还有很多劳动成果是不能拿在手里的。

比如，公交车司机送你到想去的地方，理发师帮你修剪好头发，快递员为你送来包裹，牙医治好了你的虫牙，等等。

这些劳动成果叫作"服务"。它们同样是不可或缺的，也同样需要我们用自己的劳动成果去换取。

决定价格的基本因素

通过前面对价格的讨论，我们不难发现一个基本原则——任何商品或服务的价格都有一个基本底线，那就是生产这件商品或提供这项服务所消耗的劳动的总和，也就是它的**成本**。

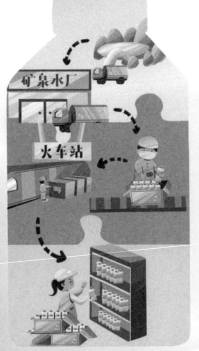

还记得前面提到的饮用水吗？不论是生产瓶子还是生产饮用水，以及将一瓶一瓶的饮用水运输到城市里，还有商店售货员把它们摆上货架再卖给顾客所付出的劳动，都是饮用水的成本。如果一件商品或服务的价格低于它的成本，那就表示一定有人付出劳动后没有得到应有的回报。这就是人们常说的亏本。你愿意做亏本的事吗？

正常情况下，商品的价格会略高于成本，高出的那部分就是努力做这件事的人所获得的回报。因为有回报，人们才愿意克服困难提供更好的商品或服务。

为什么不能买下所有东西

那么，为什么不能把所有想要的东西都买下来呢？

我们已经知道，所谓买与卖，就是劳动成果的交换。那么，我们不妨先思考一下，自己能够创造的劳动成果有多少呢？

然后，我们再盘点一下自己的需求，看看所有想要的东西背后又对应着多大的劳动成果。

如果二者可以相等，那么恭喜你，你可以用自己的劳动成果交换你所有想要的东西。但实际上，没有人能做到这一点。因为一个人创造的劳动成果总是有限的，而人的需求或者欲望则可以是无限的，二者永远不会恰好相等。

不过，我们不妨再用另一个方法讨论一下这个问题。假设你拥有买下所有东西的能力，你的同学、好朋友们也具有同样的能力，可是东西是有限的。于是，问题出现了。如何决定谁能得到这些东西，谁又得不到呢？

显然，靠抽签或者猜拳这样的方法是不能让大家感到公平的。实际上，方法很简单，那就是价格。

如果很多人都希望得到一样东西，那么这样东西的价格就会升高，甚至会远远高于它所含有的劳动成果。价格的升高最终一定会导致一部分人因为无法付出这样的价格，从而放弃获得它。这就从另一面证明了，没有人能买下所有的东西。

而且，这个证明过程还向我们揭示了一个秘密——决定价格的终极因素到底是什么。

决定价格的终极因素

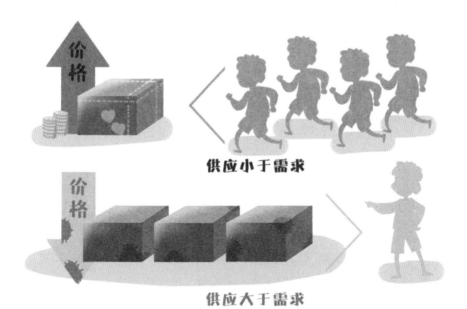

供应小于需求

供应大于需求

我们已经知道决定价格的基本因素是成本，但成本并非最终的裁判！

如果很多人都希望得到某种商品，或者在某个环境下某种商品奇缺，那么这种商品的价格就会升高，有时甚至会远远高于它的成本。反之，如果某种商品生产得过多，超过了人们的实际需求，那么即使价格低于成本，也是有可能卖不出去的（服务也是相同的情况）。

任何商品或服务的供应都不可能与人们的需求恰好相同。当供应小于需求时，价格的升高会使一部分人放弃或改变自己的需求，同时也会刺激供应的增长；当供应大于需求时，价格的下降会警示后来者不要再继续供应了。这就叫作 **"市场调节"**。

因此，在劳动成果的基础上，**供应与需求的关系** 最终决定了价格的高低。

游戏时间

挑战一：小朋友们，请开动脑筋，回想一下最近一到两周里，你去过哪些地方？在那里做了哪些需要花钱的事情？那里有哪些人在工作？他们用什么样的劳动交换了你的钱呢？请尝试把这些地方的名字写在你选择的建筑上吧。

特别提示：在某些地方，你可能没有直接付钱，但也享受到了某种劳动成果。这是否说明这些劳动成果是免费的呢？快和爸爸妈妈讨论一下吧。

挑战二：请你化身小记者，采访一下爸爸妈妈，看看家里有哪些东西是高端品牌的？它们与同类无品牌产品或低端品牌产品相比，价格上有多大差异？爸爸妈妈为何会选择这个品牌？

挑战三：在爸爸妈妈的帮助下，请你上网搜索一下不同档次汽车的价格，结合"决定价格的终极因素"，与爸爸妈妈一起讨论一下，为何超级跑车的价格会如此昂贵？

第二章

贝壳到代码的进化

几个问题

小朋友，你付过钱吗？

还记得你最近一次买东西是如何付钱的吗？是使用现金还是用手机扫码付款呢？不论你用哪种方式，你是否想过这样几个问题——

古代人买东西是用什么支付呢？

最早的钱币是什么样子的呢？

为什么一张卡片或看起来奇奇怪怪的二维码也能买东西呢？

…………

这些问题要从很久以前说起。

方便交换的 "中间物"

在第一章中，我们提到，在很久以前，当人们相互需要对方的劳动成果时，只能用实物相互交换。这样做非常不方便，尤其是有很多人一起参与交换的时候。

后来，聪明的人们想到了一个办法。他们找到一种"中间物"，所有的劳动成果都换成这种中间物，然后再用中间物去换别人的劳动成果。通过这个办法，任何人想交换任何东西都只需要两次，与之前相比太方便了！

中间物

货币

这种中间物就是**货币**！

在经济学的"家谱"里，货币是它的正式名称。

而在日常生活中，人们总是称呼它的小名儿——

钱、金钱、银子、钱币、钞票、票子……

至于为什么会有这么多名字，请随我接着往下看。

　　我们先来说说货币这个正式名称。

　　在人们寻找理想中间物的过程中，有两种物品得到了人们最广泛的接受，它们就是海贝和丝绸。

　　海贝在古代一度比较贵重，被广泛用来做首饰等装饰品，是身份和美的象征。丝绸在古时候被称为"帛"，是那时最为精美的织物，可以制成精美的服饰，受到广泛的欢迎。达官显贵还用它来书写记录。因此，在那个时代，不论你想要什么，拿海贝和丝绸去换，最容易成交。

　　所以，货币的原始意思就是指用海贝和丝绸来交换东西，慢慢地演变成了中间物的正式名称。

　　严格地说，用海贝和丝绸去换东西，还是属于用实物相互交换，因为它们都还有自己的用途，并不是专门的"钱"。

　　但是，它们对后来的货币影响很大，尤其是海贝。在我国夏朝和商朝的遗址中，就发现了大量的海贝，一直用到春秋时期。这种影响从汉字的造字方式就可以看出来。汉字中与交换活动有关的字，或者与财富有关的字，很多都是贝字旁，比如货、资、贫、费、财、购、赚、赠等。这个小小的部首，就像密码一样，传承着古老货币的秘密。

可是，海贝毕竟是天然的，数量、大小、品质都不受人们控制。

随着商品交换数量的增加，天然海贝越来越难以满足需要，于是出现了用骨头、石头、蚌壳等材质制作，外形与海贝相仿的人造贝。

从商朝末期开始，随着金属铸造技术的发展，出现了用青铜模仿海贝形状制作的铜贝，后来还出现了银贝。从那个时候起，我国逐渐开始使用人造货币。也是由此开始，货币变得"专业"起来，不会再被拿去做饰品或衣服，而是专门承担与交换相关的任务，成为专门的"交换中间物"。

春秋战国四大货币形式

　　到了春秋战国时期，中华大地上群雄割据，大家用的钱币也各不相同，主要分为四大体系：流行于燕、赵、齐等地的刀币；流通于晋（后被赵、魏、韩取代）、燕等地的布币；楚地使用的贝形币（蚁鼻钱）；秦、魏等地使用的环钱（圜钱）等。

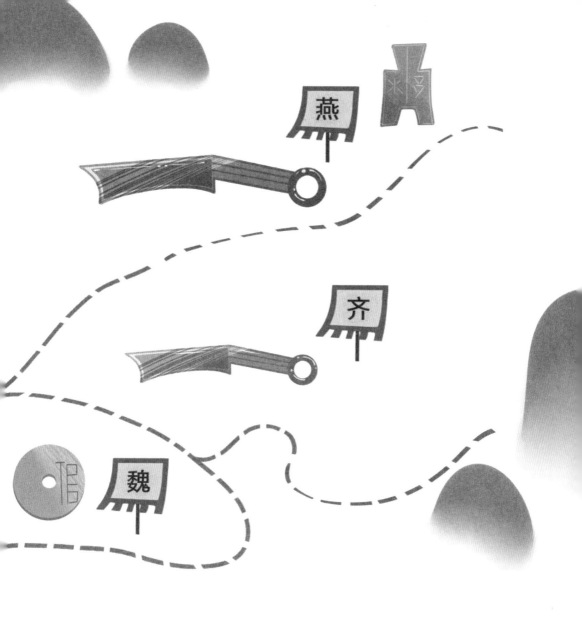

　　这种大家各自铸造钱币的局面，是因为当时的中华大地还处在分裂的状态。不难想象，属于不同诸侯国的人之间进行买卖交易，一定会因为钱币不同而遇到很多麻烦。

初次一统

　　最终，在持续不断的战火中，秦王嬴政统一六国，建立了中国历史上第一个中央集权的封建王朝——秦朝。

　　但是，秦朝建立之初，人们手里用的钱还是原来各诸侯国各自铸造的，形态、重量都不相同，相互之间做买卖时很不方便，急需一种通用的钱币来促进商品的交换流通。

　　因此，秦始皇下令将之前各诸侯国铸造的钱币全部废止，统一改用一种中间带有方孔的圆形铜钱。这种方孔圆钱被称为"半两"。

　　限于当时的技术条件，实际铸造出来的钱币重量误差很大，材质也不尽统一。

　　但是，不论如何，秦"半两"的出现是我国货币史上具有划时代意义的事件，由它开始固定下来的方孔圆钱造型更是延续了两千多年！

天圆地方

秦"半两"这种外圆内方的造型，一般认为是源于"天圆地方"的概念，体现了古代中国人的宇宙观。

从实用角度来说，圆润的外形手感更好，也不易剐蹭衣物；通过中间的方孔，人们可以用绳索把铜钱串起来，既方便携带，又有利于快速清点。

我们在一些古代文学作品中会看到人们有时支付几枚铜钱，有时则支付"一吊钱"。这里的一吊钱，就是用绳子串起来的固定数量的铜钱。

总的来讲，不论钱币的外形代表了什么寓意，最终起决定性作用的因素还是劳动人民在长期使用实践中的选择吧。

金铜双轨

　　与铜钱一起被秦朝法律确定为货币的还有黄金。秦朝货币实行两级制。黄金作为上币，铜钱作为下币。

　　黄金作为一种非常难得的贵重金属，具有很高的价值，一小块就可以换到很多东西，但是在日常生活中使用起来并不方便，主要用来做大宗交易，也作皇帝颁发赏赐等用途。

相比之下，铜钱更为灵活方便，适合在日常生活中使用，是更贴近老百姓的货币。黄金和铜钱搭配使用，满足了人们不同的需求，也给后人留下了"金钱"这样的词汇。

秦朝灭亡后，汉朝接纳和沿袭了秦朝的货币制度，仍以黄金为上币，铜钱为下币。

汉朝早期的铜钱也叫"半两"。为了区别于秦朝的"半两"，人们称之为"汉半两"。但是，早期的"汉半两"非常混乱，有很多民间私自铸造的劣质钱，严重扰乱了市场。

后来，在汉武帝时期，"汉半两"全部废止，由全新的"五铢钱"代替。

值得一提的是，汉朝在推行"五铢钱"的过程中，已开始重视采用防伪手段铸币。汉武帝时期的"三官五铢"铸造精细、文字秀美、分量准确，大大提高了私自仿造的难度和成本，使得私自仿造变得不再可行，从根本上打击制止了钱币制造混乱的现象。

菜摊

同时，货币制度的推进，极大地保障了市场交换活动的公平进行。市场交换快速地繁荣起来，各种物资的生产也被带动了起来，人们的生活变得越来越富足。

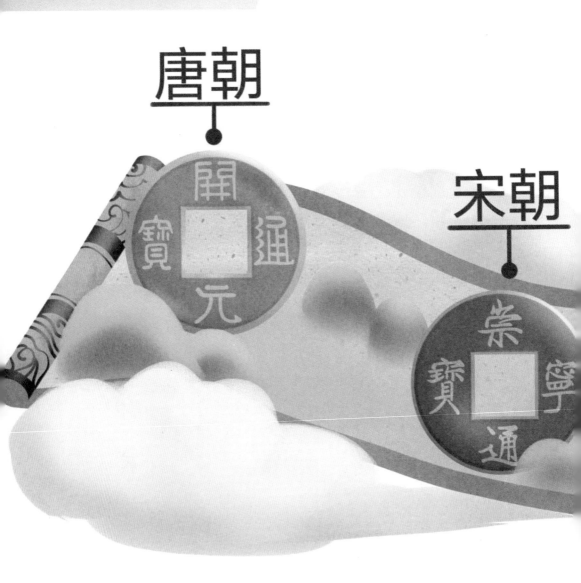

唐朝

宋朝

货币铸造的制度和方孔圆钱的形制被沿用了很久。在后来出土的历代文物中，都有大量的铜钱，各自代表着不同的朝代。把它们放在一起，就能为我们展示一幅中国历史的画卷。

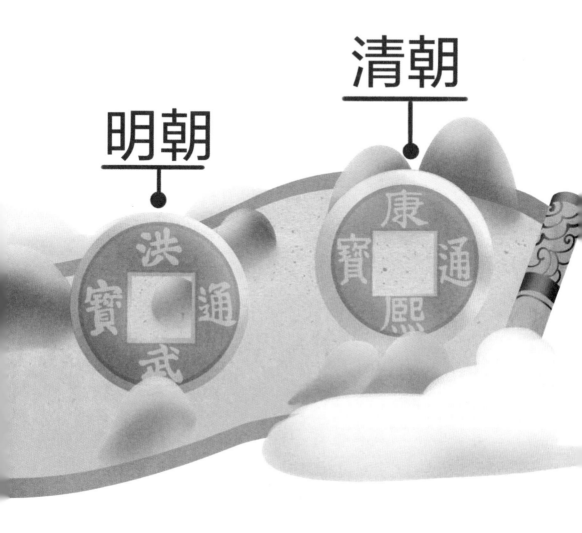

明朝

清朝

在有些朝代，出现了用铁代替铜来铸造钱币的情况，这通常是因为缺乏用来铸钱的铜，不得不寻找替代材料。但除了在宋朝铁铸的钱比较盛行以外，其他朝代的多只是在部分地区流通。

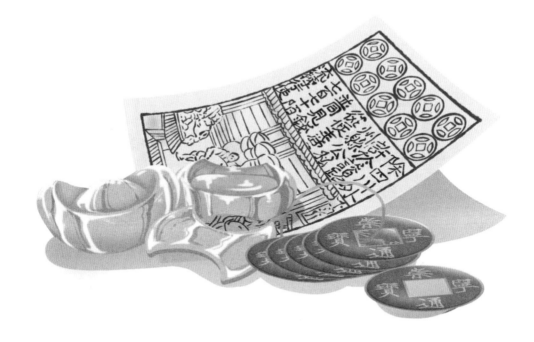

　　无论如何，铜和铁都是金属。虽然一枚钱币很小，但多了就会非常沉重，搬运和使用都不大方便。

　　距现在一千多年前的北宋时期，民间出现了一种名为"交子"的纸质票据。它可以兑换成相应数量的铁钱，被相互认可信用的人们所接受，在大额支付时被用来代替沉重的铁钱。

　　后来，北宋官府注意到了"交子"的便利性，对其进行规范化管理，并推出了"官交子"，这就是世界上第一张纸币！

虽然今天人们已经对纸币习以为常，但在当时绝对是一种创举！

　　那为什么纸币会出现在宋代呢？这是因为从北宋时期开始，我国的商品经济发展加快，交换的商品多了，自然需要更多货币，流通速度快了，自然需要货币使用能更高效。

　　著名的国宝级文物《清明上河图》就描绘了北宋汴京城内及近郊物阜民丰、兴旺繁荣的景象，栩栩如生地反映出当时社会各阶层的生活情态。所以说，货币的变化一定是随着经济的发展同步前进的。

纸币王朝

元朝将名为"交钞"的纸币定为首要流通货币，一度几乎替代了金属钱币！当时，世界上的其他国家和民族都仍然以金属货币为主。这使得元朝十分超前地成为世界上第一个以纸币作为主要流通货币的国家！

因为"交子""交钞"等纸币实质上是一种可以兑换成金属货币的票据，所以纸币在人们口中也被称为票子、钞票。

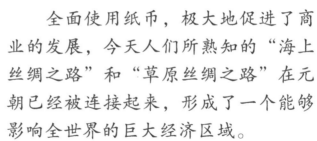

　　全面使用纸币，极大地促进了商业的发展，今天人们所熟知的"海上丝绸之路"和"草原丝绸之路"在元朝已经被连接起来，形成了一个能够影响全世界的巨大经济区域。

　　著名的威尼斯旅行家和商人马可·波罗曾在中国生活多年。后来，他在回忆录中特别提到了元朝纸币。根据他的记载，元朝纸币印制在用桑树的内层树皮特制而成的纸张上，由皇帝特别任命的官员在印好的纸币上签名和盖章。整个制作过程显得郑重而又神秘。任何人如果胆敢伪造纸币，都会面临严重的刑罚。

　　虽然纸币的携带和使用都更为方便，但由于古人对经济学的理解相对有限，对纸币的管理制度也比较原始，导致纸币总是出现发行量过大、价值越来越低的情况，这种情况被称为**"货币贬值"**。货币贬值会造成物价飞涨。

　　每当如此，担任货币的"重任"就会回到那些贵重的金属肩上。继黄金之后，白银在金朝第一次成为法定货币。可是，金朝的存在时间比较短，很快就被元朝取代了。直到明朝建立以后，白银才正式坐稳了货币主角的位置。

在明朝建立之初，曾一度禁止用白银作为货币，但民间一直在使用。后来，明朝官府为了改善税收，规定统一以白银作为缴税方式。这等于正式赋予了白银法定货币的地位。

白银地位的这一改变，恰逢大航海时代的来临，对外贸易体系开始构建。明朝凭借瓷器、丝绸、茶叶等独特物产，在对外贸易中占据了举足轻重的地位。一百多年间，大量的瓷器、丝绸、茶叶出口换来了巨量的白银。据专家估算，当时世界上产出的所有白银中有四分之一到三分之一都流入了中国，这些白银按今天的计量单位计算，有七千到一万吨。

文学中的白银

在人们的印象里，好像古人买东西时都会掏出一个银元宝来付账。这种印象与广为流传的明代文学作品有很大关系。在中国的四大名著中，有三部就诞生于明代，再加上其他小说、戏剧等作品，是人们了解古人生活的重要窗口。这些作品中经常出现使用银元宝的情景，强化了白银在古代货币中的印象。也正是因此，有时人们也把钱叫作"银子"。

落日余晖

在中国最后一个封建王朝清朝，白银与铜钱是法定的货币。但是，由于清王朝的国力持续衰退，西方列强从各个方面加紧对这个迟暮的王朝展开剥削与侵略。除了使用洋枪、洋炮的武力入侵外，还利用货币进行经济剥削。

清朝后期，很多外国银行进入中国，取得了发行纸币的权力，外国的货币也大量直接流入中国。在中国的土地上流通着被外国人控制的货币，这使得劳动人民辛辛苦苦取得的劳动成果被外国侵略者和他们的帮凶轻易地夺走，人民生活贫苦不堪。

在这一过程中，传承了两千多年的方孔铜钱走向了衰亡，逐步被纸币和机器制造的圆形银圆所替代，最终和清王朝一起被湮没在历史中。

人民的货币

　　无论是腐朽的清政府，还是后来建立的民国政府，都无力维护人民的利益。

　　直到 1949 年 10 月 1 日，中华人民共和国成立了。从此，中国人民再也不受外国侵略者的剥削和欺压。这个新生国家的法定货币被命名为**人民币**！

　　人民币由纸币和硬币组成，图案和样式随着时代变化不断更新，今天我们使用的已经是第五套人民币了。人民币纸币的图案主要表现劳动人民的生产生活、伟大祖国的壮美河山以及伟大领袖的形象。

中国人民的银行

　　我们的人民币是人民的货币，对维护全体中国人民的劳动成果有非常重要的意义。我们今天的美好生活与人民币的稳定、自主密不可分！

　　很多人不知道，早在 1948 年 12 月 1 日，随着人民解放战争节节胜利，各个解放区原本分别设立的华北银行、北海银行、西北农民银行等机构在河北省石家庄市合并，成立了"中国人民银行"。第一套人民币也于同一天开始发行。这时距离新中国的成立还有十个月！

在艰苦卓绝的抗日战争和解放战争期间，中国共产党领导的人民军队在全国各地建立了很多根据地和解放区。各个根据地和解放区为了打破敌人的经济封锁，发展生产，纷纷成立了自己的银行，发行地区专用货币，有力地支持了人民解放斗争。

例如，东北解放区成立东北银行，山东解放区成

立北海银行，华北解放区成立晋察冀边区银行，冀察热辽解放区成立长城银行，华南解放区成立南方人民银行等。这些解放区银行为新中国培养了大批货币金融人才。1948年12月1日，合并而成的中国人民银行发行第一套人民币后，各解放区的各种货币光荣地结束了历史使命。

中央银行

　　中华人民共和国成立后，中国人民银行担当起了国家**中央银行**的重任。

　　作为中央银行，中国人民银行负责制定并执行国家的货币政策，是唯一拥有货币发行权的机构，也是国家经济金融管理的核心机构之一。通俗地说，中国人民银行就是代表国家和人民管理人民币的。

　　中国人民银行不为个人提供服务，所以我们不会在街边发现一家挂着"中国人民银行"招牌的门店。

在日常生活中，你应该见过很多银行的招牌，比如：中国工商银行、中国银行、招商银行、邮政储蓄银行、农村商业银行等。这些都是**商业银行**，是直接为个人提供与钱有关服务的银行。简单来说，商业银行的服务主要包括两方面：存钱和借钱。

商业银行可没有发行人民币的权力哦！它们都要接受中国人民银行的管理。

　　当你得到一笔钱而又不需要马上花掉的时候，你可以选择一家银行，以自己的名义开设一个**账户**，然后把钱存进去，这就是**存款**。你的账户就像一个专属于你的箱子。箱子放在银行很安全，你的存款都放在你专属的箱子里，需要的时候可以再取出来。

　　如果有人急需用钱，也可以到银行去借钱，这就是**贷款**。不过，还钱的时候不能只还所借数额，要多还一些，这多出来的部分就是**利息**。

　　有人存钱，有人取钱，有人借钱。钱就这样通过银行的服务流动起来，去到需要它们的地方。

　　除了存钱和借钱，银行还有很多其他服务。小朋友，你可以在读完这本书之后，让爸爸妈妈带着你去银行探索一下，看看会有什么收获吧。

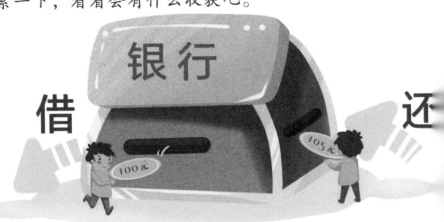

磁条

芯片

历数了货币从古至今的演变过程，我们不难发现，在两千多年中，货币的样子和材质屡经变迁。但有一件事没有变，那就是人们付钱的方式。不论是铜钱还是纸币，总是要拿着去交换的。但是，随着电子计算机和互联网的出现，付钱的方式发生了历史性的变化。

对人们的生活产生巨大影响的是银行卡支付。银行卡是一张小小的卡片，上面有一个磁条或者一个芯片，主要分信用卡和借记卡两种。

卡片上的磁条和芯片负责记录你在商业银行开设的账户。当你需要付钱时，只要在专门的设备上划动磁条或读取芯片，该付的钱就会从你的银行账户转到收款人的银行账户，从而实现了身上不带现金也可以进行交换。

数码支付

21世纪，人们迎来了数字时代，付钱的方式进一步升级。如今，几乎人人都有一部智能手机。使用智能手机上的相关软件（App），人们就可以方便地将钱转给对方，或者在购物时付款。

使用智能手机扫描下图这个叫做"二维码"的东西，就可以将该付的钱从付款人的账户转到收款人的账户，从而省去了读取银行卡的专用设备，效率得到了极大提升。手机支付的普及，让人们可以不必随身携带现金或银行卡，从而降低了丢失或被盗的风险。

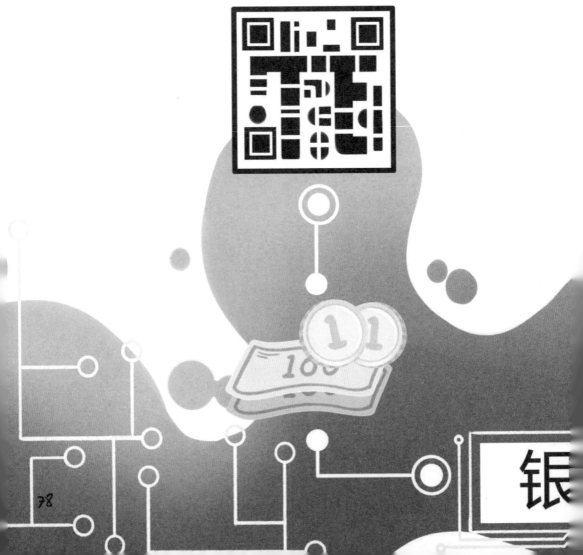

　　银行卡和二维码并不是钱，它们只是付钱的便捷方式。想使用它们，你仍然需要先把纸币或硬币存到你的银行账户里。所以我们说，这是付钱方式的巨大变化，但货币本身并没有变。

　　2019 年，货币终于迎来了历史性的变革。中国人民银行发行了一种全新的货币——**数字人民币**。

　　数字人民币既不是纸币也不是硬币，是一种以数字代码形式存在的虚拟货币，通过手机和电子计算机来使用。你可千万别以为它和二维码一样。数字人民币是真正的货币，与人民币纸币、硬币一样是实实在在的钱！用一句听起来很深奥的话来说，数字人民币是我国法定货币的数字形态！

千年演变

　　从海贝到代码，从天然到人造，从有形到无形，货币经历了复杂而精彩的演变。但说到底，货币就是为了方便大家交换劳动成果而产生的。它已被大家所接受，价值明确、使用方便且安全可靠。人们上下求索几千年，终于解决了拿什么作为货币的问题。现在，科技正在帮助人们把它变得支付更方便，使用更安全。

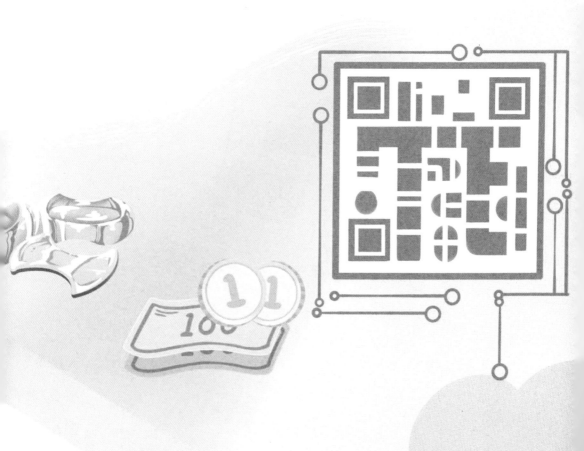

货币的本质

　　与此同时，对于货币的本质到底是什么，人们也持续争论了几百年。如果说人们每天进行的各种交换是一个巨大的游戏，那么货币就是参加这个游戏的许可证，持有这个许可证才有权加入交换的游戏。无论货币的形式和支付方式如何变化，它的本质从未改变。

游戏时间

小朋友们，了解了货币的前世今生后，你能回答出以下问题吗？

1. 与财富有关的汉字多用什么偏旁部首？这是为什么？

2. 秦始皇统一六国后，实行了哪些政策？

    A. 统一文字

    B. 统一长度、重量等单位

    C. 统一钱币

    D. 以上都是

3. 我国最早由政府发行的货币是什么？

4. 世界上最早的纸币是什么？

5. 最先使用纸币作为主要流通货币的是哪个国家？

6. 人民币纸币有几种面额？分别是多少？

7. 请你在生活中观察一下，然后和爸爸妈妈进行讨论，如果大家不再携带纸币和硬币，改用手机支付，会带来哪些好处和便利呢？

8. 货币的本质到底是什么呢？

    A. 一张纸币

    B. 一种货物

    C. 参与交换的权利

    D. 以上都不是

第三章

挣钱与花钱那些事

几个问题

小朋友，你有零用钱吗？

你的零用钱是怎么来的呢？是废品回收所得，还是爸爸妈妈给的？

从长辈手里得到的零用钱或者压岁钱算不算是挣的钱呢？

爸爸妈妈的钱又是怎么挣来的呢？

…………

本章就要跟你聊聊这些问题。

贝壳到代码的进化

高财高少年手册之

全世界都玩的游戏

高财高少年手册之

如果你已经读过前两章的内容，那你应该已经知道，钱就是人们在交换劳动成果时使用的中间物，是每个人参与交换活动的许可证。每个人都将自己的劳动成果先换成钱，再用钱去换别人的劳动成果，这使得交换变得非常方便。

说到这里，我相信聪明的你已经发现了，把自己的劳动成果先换成钱，这不就是挣钱吗？是的，所谓挣钱就是人们通过自己的劳动获得金钱的过程。

现在，让我们来看看本章开始提到的几个问题。

爸爸妈妈给你的钱也许是应你的要求，或者是对你良好表现的奖励，又或者是每个月固定数额的零用钱。长辈给的压岁钱是过年时的一种习俗，寓意美好的祝愿。总之，长辈给零用钱是出于对你的关爱和鼓励，同时也是为了让你学习使用金钱的方法，并不是因为你贡献了某种劳动成果。因此，零用钱和压岁钱都不是挣钱。

有些小朋友可能会还有疑问，如果帮爸爸妈妈做家务得到的钱是不是就算挣钱呢？很遗憾，这个也不是挣钱。

家务劳动是每一个家庭成员都应该承担的义务。家务劳动虽然也是一种劳动，但是它并不会对家庭成员以外的人构成价值。你将自己家打扫干净是在改善自己的生活环境，这项劳动成果不能拿去和别人交换。

因此，爸爸妈妈为了奖励你积极承担家务而给的钱依然是零用钱，并不算挣钱。

挣钱的三种方法：工作、投资理财、做生意

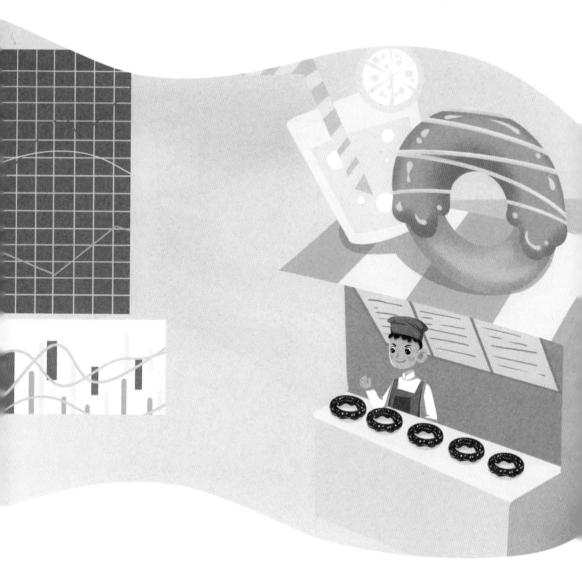

那么，到底什么才是挣钱呢？我们来看看以下几种场景：

- 爸爸每天去公司上班，每月可以获得公司支付的报酬。
- 妈妈用 10 000 元购买了一些股票，一年后股票价格上涨，卖出后收回 15 000 元。
- 表哥与朋友合伙开了一家店铺，两年后获得盈利。

以上这些都是挣钱！这三个场景对应着挣钱的三种方式：**工作、投资理财**和**做生意**。

　　我们先来说一说最常见的挣钱方法——
工作，或者我们可以用一个更正式一点的
名字——**就业**。

　　既然钱是用来交换劳动成果的，那么自然也
可以通过付出劳动来获得。

比如工厂会聘请工人来制造产品，餐厅会聘请厨师来做菜，医院会聘请医生为患者治疗。他们付出劳动，从事某种工作，从而换得金钱作为报酬。

不过，工作也有不同的种类。有些工作会生产出具体的产品，比如上面提到的工人在工厂里生产产品，这种工作属于"生产"；有些工作则是为别人提供便利，或者替别人做他们不愿意做或不会做的事情，比如上面提到的厨师和医生，这种工作就属于"服务"。

现在，让我们看一看这家蛋糕店。

穿围裙的姐姐是收银员，在收款台和货架之间不停穿梭。她的工作是向客人介绍蛋糕、记录预订信息、结账收钱，也就是提供人们买蛋糕时需要的各种服务。

94

　　戴帽子的哥哥是蛋糕师，正在玻璃橱窗里面忙碌。他的工作是做蛋糕，也就是生产蛋糕这种产品。

　　他们的工作内容虽然不同，但都付出了蛋糕店所需要的劳动，并因为这些劳动每月得到一笔钱，叫作**工资**，也可以叫薪水、薪资或薪金。

　　这就是第一种挣钱的方式——工作。

　　下面我们来看第二种挣钱的方法——**投资理财**。

　　比如有一家全国连锁的蛋糕店经营得非常成功，在股票市场发行了自己的股票。当它的股票价格是每股1元的时候，你用100元购买了100股。过了一段时间，它的股票价格变成了每股1.1元，你将手中的100股卖出，得到110元。

　　这110元中的100元原本就是你的钱，叫作**本金**，多出来的10元是你的**收益**。

　　但事情并不总是那么简单。如果股票价格变成了每股0.9元，那么你不但不能获得收益，连100元本金也变成了90元。这就叫作**亏损**。

　　所以我们必须时刻牢记，投资理财是有风险的！

投资理财有很多种方式。但不论哪种方式，它们的共同特点都是把钱投入一件可以获得收益的事情之中，从而获得更多钱。

这看起来与通过劳动挣钱的工作有很大不同。事实上，虽然投资并不是直接付出劳动，但所投入的钱必定是之前通过劳动换来的，所以本质上还是用劳动成果去获取新的劳动成果。

这里讲的股票的例子，只是为了方便大家理解"钱生钱"的概念。日常生活中，人们可以采用的投资理财的方式有很多，比如购买国债、黄金、基金、股票，或者参股企业收藏古玩和艺术品等。

不同的投资理财方式有着不同的收益预期，但通常来讲，预期收益越高，风险也就越高。

既然投资有风险，那自己出钱开一家蛋糕店，同时自己也在店里工作，是不是就一定能增加收入呢？

　　这也不一定。生意好不好，既要看自己的努力，也要看市场情况等。这就是第三种挣钱的方式——**做生意**，它还有一个听起来更响亮的名字——**创业**。

　　这里我们假设，你是一家蛋糕店的经理。你购买了所有用品，聘请了一名蛋糕师，共花费了 200 元，这 200 元就叫作**成本**。同时，你还负责向客人介绍蛋糕和进行结账收钱等服务工作。

　　如果一年后蛋糕店一共收入了 300 元，那么减去之前花费的 200 元成本，多出来

的 100 元可以先粗略地看作你获得的**利润**。

但如果一年后蛋糕店只收入 150 元，比你之前投入的 200 元成本还少 50 元，那么就说明你并没有得到任何利润，这个生意是**亏损**的。

在这里需要提醒一下，实际生活中利润与亏损的计算要复杂得多，需要学习专业的财务知识才能搞清楚。对财务知识感兴趣的小朋友，可以在上大学的时候选择财会类专业，成为一名出色的会计师。

但不管怎样，只要是自己做生意，或在街角开一家蛋糕店，抑或创办一家全球性的公司，都需要从零做起来开创一番事业。这就是它会被称为创业的原因。

亏损

　　说到这里，我们已经完整介绍了挣钱的三种方法，不论哪种方法，我们获得的每一分钱背后都凝聚着劳动。在现实世界里，不付出劳动就获得金钱的事情是不存在的。

　　不过，我们常常会发现，同样是用这三种方法挣钱，有些人挣得多，有些人却挣得少。这又是为什么呢？

这里，我们必须明确，不论从事哪种工作，只要是通过诚实的劳动所获得的报酬，都是值得尊重的。工作并没有高低贵贱之分。

但是，不同的工作之间确实存在工资高低的差异。即使是相同的工作，由不同的人来完成，所获得的工资也可能不尽相同。造成这种情况的原因颇为复杂，其中一个较为重要的因素就是工作的**可替代性**。

经过仔细观察和思考，我们不难发现，有些工作有许多人都能胜任，而有些工作却难以找到合适的人选来承担。

比如都是驾驶员，会开汽车的人很多，你的爸爸妈妈可能都会开。而如果换成开飞机，就完全不一样了。

驾驶飞机的飞行员需要学习很多专业知识，学历要求至少大学本科，还必须拥有强健的体魄和极佳的视力。培养一名合格的民航飞行员需要投入超过 100 万元人民币的费用，而且飞机的数量也远远少于汽车。所以，飞行员的数量也远远少于汽车驾驶员。

因此，航空公司必须开出高工资才能招募到飞行员。如果某家航空公司开出的工资不具吸引力，那么有限的飞行员就会被别的航空公司招募。相比之下，具备汽车驾驶技能的人很多，如果出现职位空缺，很容易找到替代的人。这样的工作，工资自然不会很高。

如何挣更多的钱之工作

如果已经确定从事一项工作，如何能提高工资呢？

通常来说，你需要不断地学习和提升自己的能力，创造更多的价值，这样才有机会获得加薪，或者选择工资更高的新工作。

比如刚才那位蛋糕师，一开始他只会照着固定的样式制作蛋糕。但是通过不断学习，他学会了自己设计蛋糕，做出了很多新颖漂亮的蛋糕造型。这使得来店里购买的客人越来越多，蛋糕店的收入也提高了近两倍。于是，经理非常乐意将他的工资提高了一倍。

后来他又刻苦学习外语，去国外参加蛋糕设计大赛，获得了第一名，成了有名气的蛋糕师。回国后，他被一家五星级酒店聘为首席蛋糕师，工资又涨了两倍。

你看，随着技能的提升，蛋糕师创造的价值越来越多了，蛋糕店经理很难找到能替代他的优秀员工，只能为他开出更高的工资，直到一家五星级酒店的经理开出了蛋糕店无法匹配的更高的工资。所以，虽然找一位普通的蛋糕师并不难，但这位蛋糕师能够创造更多的价值，这就降低了他的可替代性。

翻倍

月

赔钱

　　对于投资理财来说，情况就完全不同了。

　　股票价格反映了市场对一家公司未来商业发展的预期。如果广大投资者都觉得这家公司未来会有大发展，那么股票的价格可能会在短时间内大幅上涨，从而为投资者提供了快速获得高收益的机会。

　　但同时，如果市场突然发生变化，使得大家普遍不再看好这家公司，那么它的股票价格可能急剧下跌。因此，投资者本金受损的情况也并不罕见。

　　所以，股票投资更适合那些风险承受能力较强的投资者。相较于股票，基金的风险和收益相对低一些；国债虽风险低，但其收益固定，不存在大涨的可能性。

　　那么，投资时要不要为了安全而放弃高收益的机会，抑或为了高收益而承担较大的风险？这是投资时必须要考虑的，并且没有人能给你答案。但是，有一条基本规律你必须了解——收益越高的投资项目蕴含的风险也越大；越安全的投资项目，预期的收益也就越低。

如何挣更多的钱之投资理财

  想通过投资理财来挣钱，需要学习的知识可真不少！这里有一些建议可以供长大后的你参考。

  第一，应该确保一笔适当的本金。

  假设一项投资的收益率是5%，你的本金是1 000元，那么你获得的收益将是50元。另一项投资的收益率是10%，而你的本金是100元，那么你获得的收益将只有10元。你看，如果本金太少，即使收益率再高也很难取得理想的收益。而且，投资是一件长期的事情，本金不应被轻易挪用，要让它长期持续地为你产生收益。

  第二，必须平衡好收益与风险。

　　前面我们说过，收益越高的投资项目蕴含的风险越大。如果只追求高收益，将所有钱集中在高风险的项目中，很可能遭遇难以挽回的损失。例如，股票的价格是有可能快速升高的，持有者就能在短时间内获得很高的收益。但同时股价下跌的风险也很大，而且股价变化非常快，就不适合非专业的投资者。相比之下，基金就稳健得多。当然，你也可以把高、低风险的投资项目按一定比例组合，既兼顾收益又兼顾安全。

　　第三，你投资的项目应该简单易懂。

　　投资不应该是一件神秘的事情。如果一个投资项目让你无法搞清楚，那么最明智的做法就是不投资。

前面我们说过，在自己做生意（创业）的过程中，你不仅要投入现在的劳动，还要把以前劳动所获得的钱也投入进来。

我想你应该还没忘记那位蛋糕师。他在五星级酒店担任首席蛋糕师几年后，名气比以前更大了。而且，他一直坚持将积累的工资进行投资理财，几年后手里有了一笔数量可观的钱。于是，他用这些钱作为启动资金，创办了一家以自己名字命名的连锁蛋糕店，并担任首席蛋糕师。

通过创办自己的店，他将自己的技能、名气以及以往挣到的钱结合在一起，创造出更大的价值。他的收入也不再是工资，而是连锁蛋糕店的利润。

　　经营一桩生意是很复杂的事情，有时还需要一点运气。不过，总的来说，想要获得更多的利润，有两件事情必须做到：一是不断扩大收入；二是将成本控制在合理的范围内。几乎所有的创业者每天都在思考这两件事情，不论他们的生意是大是小，也不论他们从事什么行业。

小孩可以挣钱吗

前面我们一直在谈挣钱这个话题。也许有些小朋友会提出这样一个问题：小孩子可以挣钱吗？

在回答这个问题之前，我必须提醒每一位小朋友，当你还是一名学生时，学习是你的首要任务。这样说并不是因为挣钱有什么不好，而是因为你现在学习的每一门课，读的每一本有益书籍，思考的每一个问题，都会帮助你在未来更有机会从事那些不容易被替代的工作，或者帮助你更好地选择投资项目，从而潜移默化地帮助你挣更多的钱。如果你把学习的时间急着用来挣钱，那么你很可能收获了眼前的小钱，而失去了未来的大钱。

此外，出于对儿童的保护，我国特别颁布了法律，禁止任何人招用未满十六周岁的未成年人！

但是在欧美一些国家，有些喜欢宠物的同学，利用课余时间帮助邻居遛狗；有些善于照顾小孩的同学，帮助出门的邻居照顾孩子等。

不过考虑到你早晚会通过自己的劳动去获得收入，这里有几点建议可以供你参考。

（1）不要羞于为你提供的劳动开出价格，别人愿意支付多少钱，实际上是你评估自己劳动价值的一个主要方式；

（2）选择做你喜欢和擅长的事，这样挣钱的过程可以变得非常愉悦；

（3）无论从事什么工作，都要全力以赴，交出你所能做到的最佳成果。

　　下面我们来看看，挣到钱之后该怎样使用呢？你挣的钱真的可以全部装进自己的口袋吗？钱只能用在自己身上吗？

　　对于每个人来说，钱至少有四种用法：**纳税、消费、储蓄、捐赠。**

纳税

当每个人挣到钱时，都有义务将其中的一部分上交给国家，这就是纳税。

有些小朋友可能会问，为什么要把自己的部分收入交给国家呢？现在请你来想一想，你是否每天出门都可以走在平整宽阔的道路上？你是否每天上学都可以在宽敞明亮的教室里听老师讲课？你是否意识到，警察、消防员、军人每天都在默默地保护着我们？

如果是，你有没有想过，是谁在为我们铺设道路、建设学校提供资金？又是谁在承担警察、消防员、军人的工资呢？

答案就是国家！而纳税正是为了确保国家有足够的资金去完成这些至关重要的事情。

　　只有在纳税之后，剩下的钱才是你真正能得到的。也只有从这个时候开始，你才可以买买买，也就是钱最为常见的一种用法——消费，或者叫花钱。

　　这个用法，我相信每个小朋友都非常熟悉。你买玩具、零食、漂亮衣服，爸爸妈妈带你出去玩以及请老师教你弹琴、画画所花的钱都属于消费。

　　而你的消费恰恰对应着别人挣钱的机会，劳动成果的交换就这样悄悄地发生了。

有些时候，为了实现一个大目标，你可能需要一次花很多钱，而你手上一时并没有这么多钱。在这种情况下，你就需要了解钱的下一种用法——储蓄。

　　假设你每个月固定得到 50 元零用钱，而你总是会在月底前全部花掉。有一天，你在商店里看中一套 200 元的飞机模型，非常想买下来。但是爸爸妈妈却表示，你应该用自己的零用钱买。于是，你决定从这天起，每月只花 10 元，省下 40 元存起来。第五个月时，你就可以兴高采烈地捧着飞机模型回家了。

　　这种有计划地把钱一点一点存起来，积少成多，最终实现一个较大目标的过程就是储蓄。

不论是纳税、消费还是储蓄，最终受益的都是自己。但是，还有一种使用金钱的方法，从表面上看直接受益的人并不是自己，这就是捐赠。

我相信读到这本书的每个小朋友生活都很幸福，但是在你不常看到的地方，还有很多人正遭遇困难。比如某个地方发生了地震，房屋倒塌，人们没有地方住，缺少食物和水。这时，我们可以捐出一些钱来帮助他们，让他们能尽快重建家园。同样地，当我们遇到困难时，也会有人向我们伸出援手。

所以，钱不仅可以用在自己身上，还可以用在更多有意义的地方。虽然这样的行为表面上看似与自己无关，但实际上它为我们创造一个更温暖的世界，最终每个人都会从中受益。

规划

在上面的四种用法中，除了纳税是法律规定的公民义务之外，其他几种都要靠你自己安排和规划。这就出现了一个新的问题——如何管理和规划你的钱？

我相信你一定有很多想买的东西，有很多想做的事情，而实现这些都需要金钱的支持。也许你曾想过："如果我有了钱，就马上都花掉，把这些愿望都实现！"但是，这样做真的明智吗？如果你总是把所有的钱都花掉，你将不得不反复从零开始，重新积累财富。如果这中间突然遇到急需用钱的情况，你将无法应对。

那么，将所有的钱都存起来是不是更好呢？这样也不行。因为这样一来，你就什么愿望也实现不了。而且，每个人在日常生活中都需要使用别人的劳动成果，也就意味着基本的消费是必不可少的。消费是我们生活的一部分，不可避免。

规划金钱的办法

所以，每个人都需要对自己的金钱做出一个规划。这里有个规划金钱的方法供参考。首先，把你的钱分成三部分，并给每个部分取个名字。我习惯把它们称作"未来账户、目标账户、日常账户"。然后设定每个账户的比重。也就是说，如果你有100元，每个账户将各分到多少。注意，不仅是现在手上的钱要这样分配，以后每得到一笔钱，无论多少，都要按照这个比例分。

在决定比重之前，你需要先知道这三个账户各有什么作用。

未来账户是其中最重要的。这个账户的作用是持续稳定地帮你获取收益，使你的资金不断增长。因此，未来账户分到的比重不能太小，然后应该把其中的资金投入一些稳健增值的投资项目中。如果你能管理好你的未来账户，那么你迟早会变得富有，不再依赖工资，也不会轻易陷入贫穷。

目标账户是最能让你体会到成就感的账户。这个账户的作用是帮你实现阶段性的目标。当然，目标可以不止一个，但也不要太多。目标账户分到的比重应该与各个目标所需要的总金额相关。

日常账户是最容易理解的。刚刚我们已经说过，消费是不可避免的。与朋友们一起去公园、吃一个冰激凌、买一支新铅笔，这些都是正常的日常消费，应该为它们规划出适当的比重。

如果你一时拿不准比重，可以试试先这样分配。每当你得到一笔钱，无论多少，都拿出 40% 放进未来账户，40% 放进目标账户，20% 留给日常账户。重要的是，一旦你找到了合适的比重，就要督促自己长期坚持下去。

花钱是个技术活

现在，你已经规划好了自己的三个账户。那么，目标账户和日常账户里的钱是不是随便花就好了呢？不要小看花钱，这也是个技术活。

"会花钱"是一项非常重要的技能。毫不夸张地说，这在一定程度上决定了你生活得好不好。

当然，会花钱是有诀窍的。这里，我来告诉你花钱的几句口诀：

保证必要支出；
买东西按计划；
少花钱多办事；
低价不等于省钱。

口诀一：保证必要支出

　　在日常生活中，有些支出必不可少，否则就会影响正常的生活。比如，我们每天要吃饭、穿衣，需要使用牙膏、手纸等日用品。出门要乘坐公交车或地铁。此外，每月需要交水费、电费、燃气费和手机通信费等。这些费用必不可少，我们必须做到心里有数，并确保有足够的资金来支付它们。

　　做到了这一点，我们才能用剩余的资金去做那些非必需的事情。否则，我们难免会出现买了玩具却吃不上饭的窘境。

口诀二：买东西按计划

　　在日常生活中，购物是不可避免的。但是，有明确目标和计划的购物和随心所欲的购物差别很大。无论是在商店、超市还是网上购物，商家都会采用各种方法向我们推荐商品。每一张商品海报、每一个推荐网页都会设计得很吸引人。因此，我们必须清楚自己购物的目的，列出必须要买的物品清单，并严格执行。如果突然想买清单外的东西，一定要停下来问问自己：这是不是必要的？只有这样，我们才能避免被商家的宣传所吸引，进而防止发生很多"冲动消费"。

口诀三：少花钱多办事

　　既然我们手里的钱总是有限的，那我们就应该尽量用少的钱争取办更多的事。

　　想做到少花钱多办事，可以采用以下几个办法。

　　第一，购物前要对比一下价格。同一件商品在不同的地方卖，价格差异可能会很大。比如一瓶饮料，在餐厅卖8元一瓶，在便利店里只卖4元一瓶，如果去超市整箱购买，则可能只要3元一瓶。

　　第二，网上购物往往更便宜。我相信很多小朋友都见过爸爸妈妈从网上购物。同样的商品，在网上的价格通常比实体店里便宜，这是因为开设网上商店的成本比开设实体店要低，商家就可以用更低的价格来吸引顾客。

　　第三，二手的东西也不错。在很多国家，年轻人的第一辆汽车都是二手的。这是因为新车的价格很贵，而一旦被使用过，即使没有任何问题，价格也会大幅下降。所以，买一辆状况很好的二手车，就成了手里钱不多的年轻人最好的选择。

　　有时，买价格低的东西并不等于省钱，甚至可能让我们花更多钱。比如有两只电水壶，一只70元，另一只85元。如果只看价格，似乎当然应该选70元的。

　　但是，70元的电水壶可能耗电更多，一年下来产生的电费达30元。而85元的是节能型电水壶，一年电费只有10元。实际算下来，买85元的电水壶反而能帮你节省5元。

　　所以，我们购物时不仅要看价格，还要衡量品质、耐用程度以及功能上的差异，特别是在选购那些使用时间较长或者会产生其他消耗的物品时。

价格：

耗能：

挑战一：请结合你对生活的观察，回想一下你见过哪些工作。然后说一说，哪些工作的可替代性比较高，并请爸爸妈妈协助你去人才招聘网站看一看这些工作的工资情况。再看一看那些工资比较高的工作，与爸爸妈妈讨论一下，为什么会这样。

挑战二：请你采访一下爸爸妈妈，看看他们从事什么职业，并问问他们是如何劳动、如何挣钱的。

挑战三：跟爸爸妈妈聊一聊投资，看看他们认为哪些投资理财方式是高风险高收益的，哪些是低风险低收益的。

挑战四：请你采访一下你的爸爸妈妈，了解一下家里有哪些花费是每个月都会发生的，分别是多少钱。

挑战五：回忆一下你最近一次购物的经历，详细说说你当时的购物计划以及你是否成功地实现了少花钱多办事的目标。

挑战六：针对你的零花钱制订一份详细的规划，然后向爸爸妈妈解释你这样规划的理由。